多少只老鼠组成一头大象？

以及其他关于
大小远近的大问题

致所有觉得数字不好玩的人，以及所有爱动物的人。
——特蕾西·特纳

致吉安和芬恩，是你们的好奇心激发我做得更好。继续问问题吧。
——亚伦·库什利

图书在版编目 (CIP) 数据

多少只老鼠组成一头大象？/（英）特蕾西·特纳著；
（英）亚伦·库什利绘；夏南译. -- 广州：新世纪出版
社，2022.5
ISBN 978-7-5583-3009-4

Ⅰ .①多… Ⅱ .①特…②亚…③夏… Ⅲ .①数学–
少儿读物 Ⅳ .① O1-49

中国版本图书馆 CIP 数据核字 (2021) 第 183022 号

广东省版权局著作权合同登记号　图字：19-2021-211 号

How Many Mice Make an Elephant? written by Tracey Turner (the Author) and illustrated by Aaron Cushley (the Illustrator)
First published 2020 by Kingfisher an imprint of Pan Macmillan
Text and design copyright © Raspberry Books Ltd 2020

出 版 人：陈少波
责任编辑：温　燕
责任校对：任泽南
美术编辑：刘邵玲

多少只老鼠组成一头大象？
DUOSHAO ZHI LAOSHU ZUCHENG YI TOU DAXIANG ?
［英］特蕾西·特纳 著　［英］亚伦·库什利 绘　夏南 译
出版发行：新世纪出版社（广州市大沙头四马路10号）
经销：全国新华书店
印刷：当纳利（广东）印务有限公司
开本：965mm×1194mm 1/16
印张：3.25
字数：63.7 千
版次：2022 年 5 月第 1 版
印次：2022 年 5 月第 1 次印刷
书 号：ISBN 978-7-5583-3009-4
定价：69.80 元

多少只老鼠组成一头大象？

以及其他关于大小远近的大问题

[英]特蕾西·特纳 著
[英]亚伦·库什利 绘

夏南 译

还有些关于数的计算和测量单位的内容
由卡佳坦·波斯基特撰写

SPM
南方出版传媒
新世纪出版社
·广州·

目 录

要多少……

关于本书

你有没有好奇过……

大象究竟有多大？

登上珠穆朗玛峰顶要爬多少段楼梯？

哦，你手上的这本书就能帮忙找到答案。

在寻找答案的路上，我们还会……

用长颈鹿来丈量世界上
最高的摩天大楼

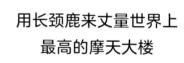

把好多好多的航天员塞进
国际空间站

用足球填满一座
体育场

给一条金鱼
称体重

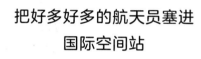

见识一下像牙买加那么大的
冰山是什么样子的

此外，我们还会搞清楚关于大小的概念以及"什么里面可以装下多少个别的什么"。你还会有很多意外发现，比如关于蓝鲸的耳垢啦，木星的卫星啦，生下来只有一粒葡萄那么大的袋鼠啦。

　　鉴于这本书中出现大象和大山这类大家伙是常有的事情，要是你遇到一些特别特别大的数字的话，也别觉得奇怪。不过，一点儿也不用担心！在下一页，"可怕的科学·经典数学系列"丛书的传奇作者卡佳坦·波斯基特带来了计算大数的方法。他在本书的第44页还介绍了一些常用的测量单位。

　　要是这还不够，你还可以背上自己的火箭背包，以1000千米的时速飞到一个个有趣的地方。

　　但是，首先请翻到下一页，让波斯基特帮你在大数字面前安下心来。

跟大数说声你好

作者：卡佳坦·波斯基特

乍一看，大数很吓人。可是，当你知道了它们是如何工作的，就会觉得它们很好玩儿！

现在让我们从家里能见着的一个大数开始吧：你觉得把一个浴缸灌满需要多少滴水？

让我们看看总共是多少？

- 5000　　　　五千
- 50,000　　　五万
- 500,000　　 五十万
- 5,000,000　 五百万

满满一浴缸水大约有250升。每升水大约有20,000滴。所以，要装满一个浴缸需要的水滴数大约为：

$$250 × 20,000 = 5,000,000$$

你肯定注意到我们用了"大约"这个词。当我们和很大的数打交道的时候，通常并不需要绝对精确。这也就意味着，我们做的计算会很简单，重要的是，你得把零的个数搞对了。

当我们在计算250×20,000的时候，先把零的个数加起来。我们得到1+4=5，总共5个零。记好这个数！

现在，我们先不管那5个零，只把零前面的数相乘：25×2=50。简直是太简单啦！然后，我们在50后面加上5个零，得到答案5000000。最后，再把千分撇加进去，它就成了5,000,000。所以，装满一个浴缸大约需要五百万滴水。

这里有一些问题，你可以猜猜答案：

● 哪个更长——100万秒，还是一年？

● 哪个摞起来更高——100头长颈鹿，还是1,000,000只蚂蚁？

● 哪个更重——奥运会标准游泳池里的水，还是埃菲尔铁塔？

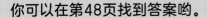
你可以在第48页找到答案哟。

用用计算器

除非你按错了键，不然在算大数的时候，计算器可真是个好东西。要是算错了，你可不能怪计算器！所以，事先在脑子里估算一个大致的答案，然后再用计算器验证，这终归是个好习惯。

假如有个面包店做了873包饼干，每包饼干有23块，请问一共有多少块饼干？算法是873×23，你觉得下面的哪一个数是正确答案呢？

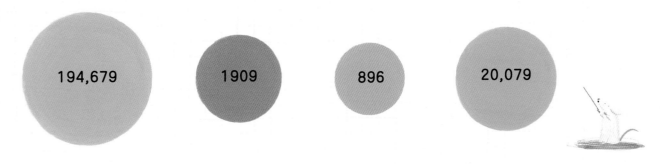

194,679   1909   896   20,079

算一算

这里的诀窍在于四舍五入！由于873接近1000，所以，可以做很简单的乘法运算：1000×23=23,000。哪个是正确答案呢？当然是20,079。

（为什么说其他答案错了呢？因为第一个数是873×223的结果，第二个数是83×23的结果，第三个数是873+23的结果。）

先猜一个接近答案的大数是多少，再用计算器验证自己的猜测与答案有多接近。这真是太有趣了。你试的次数越多，你就会表现得越好！

跟大数过招的时候，我们也会见识到各种各样奇妙与疯狂的事情。所以，你准备好了吗？那我们可就开始啦……

要多少只老鼠才可以组成一头大象？

你可能已经注意到了，大象的块头非常大，而老鼠的个头儿非常小。实际上，非洲象是世界上最大的现存陆生哺乳动物。可是，你知道这样一头不停叫唤而且四处乱踩的大家伙的身体里，能装进多少只老鼠吗？

这头巨大的非洲象的体积是 **600万立方厘米**（cm³），也就是**6立方米**（m³）。

这只小老鼠的体积是**25立方厘米**（cm³），也就是**0.000025立方米**（m³）。

算一算

用600万（6,000,000）除以25。如果你喜欢立方米的话，就用**6除以0.000025**。两种方法的计算结果是一样的。

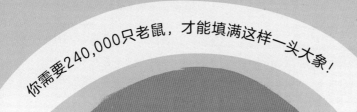

你需要240,000只老鼠，才能填满这样一头大象！

我们的老鼠有多小？

体重：

大约25克（g）

体长：

身体大约长8厘米（cm）

尾巴大约长7厘米（cm）

单行队列顺序进入

我们的大象有多大？

体重：

大约6吨（t），也就是6,000,000克（g）

肩高：

大约3.3米（m）

尽管老鼠的个头儿很小，但它们可以跳到45厘米高，这就好比你能跳到屋顶上去。大象太难跳起来了，它们几乎不会四脚同时离地。

大象会用鼻子干很多事情，包括闻闻味道，卷起东西，吸水来喝，吸起泥浆给自己洗澡，还能给其他大象一个抱抱。大象的鼻子有超过40,000块肌肉来帮助它们完成所有这些工作。在一头非洲象的鼻子上面，大约可以排队站上24只老鼠。

你可以把自己完全包裹进宽大的大象耳朵里——当然，只要大象不介意。

全世界的老鼠有几十亿只，但非洲象却没有那么多。如今，全世界大约有415,000头野生非洲象，而在100年前，地球上非洲象的数量超过300万头。

要爬多少段楼梯才可以登上珠穆朗玛峰？

拿好你带冰爪的登山靴和冰镐，因为现在得去攀登世界上最高的山峰了。很显然，如果有楼梯的话，爬到山顶可就容易多了。可是，就算有楼梯，我们需要爬多少段呢？

假定我们房子里的一段楼梯有**2.5**米高。

珠穆朗玛峰的高度为**8848.86**米。

我们需要爬 **3539** 段楼梯（再加几个台阶）才可以登上峰顶！

有免费车可搭吗？

算一算

用8848.86除以2.5。

以下是各大洲最高山峰的高度，以及登顶大约需要的楼梯数。澳大利亚的最高峰科西阿斯科山（高2228米），在珠穆朗玛峰面前就是个小山丘！

1. **亚洲：** 珠穆朗玛峰 8848.86米　　　　　　（3539段楼梯）
2. **南美洲：** 阿空加瓜山 6960米　　　　　　（2784段楼梯）
3. **北美洲：** 迪纳利山6190米　　　　　　　（2476段楼梯）
4. **非洲：** 乞力马扎罗山 5895米　　　　　　（2358段楼梯）
5. **欧洲：** 厄尔布鲁士山 5642米　　　　　　（2257段楼梯）
6. **南极洲：** 文森峰 5140米　　　　　　　　（2056段楼梯）
7. **大洋洲：** 查亚峰 5029米　　　　　　　　（2012段楼梯）

在世界最高的五座山峰中，有四座在喜马拉雅山脉。喜马拉雅山脉中，海拔7200米以上的山峰超过50座，海拔8000米以上的山峰有10座。

据记载，人类首次登上珠穆朗玛峰峰顶的时间是1953年。从那时起到现在，人类成功登顶的次数已经超过7000次，而且每年还会增加几百次。

每年只有5月和6月的天气条件允许攀登者登顶。有时候，他们为了爬上顶峰，还要排长长的队！

喜马拉雅山脉是由两个巨大的地壳板块碰撞形成的。这次大碰撞将印度次大陆和亚欧大陆联系在一起，而印度次大陆曾经是一个和澳大利亚隔海相望的巨大岛屿。印度板块一直缓慢向北漂移，大约在4000万到5000万年前，它与亚欧板块碰撞后，前缘俯冲到亚欧板块之下，引发了超大幅度的地表隆起，形成宏伟的喜马拉雅山脉。

要多少个游泳池才可以装下大海里的水？

在地球上，海洋占的面积比陆地大。虽然有些地方的海水很浅，浅到可以光着脚在里面踩水玩儿，但是，绝大多数地方的海水都非常深。和游泳池能容纳的水量相比，地球上的海水又有多少呢？

按照**奥运会标准游泳池**的规格大小，装满它大约需要2500立方米的水。

海里有很多水，大约有：
1,400,000,000,000,000,000立方米
（那可是140亿亿立方米啊）。

需要 **560,000,000,000,000**（那可是**560万亿**）个游泳池，才能装下地球上的海水！

算一算

用1,400,000,000,000,000,000除以2500。这得在计算器上按好多个零，所以不妨用一下与第8页类似的计算方法。只是做除法的时候，需要把零的数目相减，而不是相加。

和游泳池里的水不同，海水是咸的。海里的盐分，有的源自陆地上的岩石，是雨水的侵蚀和冲刷把它们带入海洋；有的来自海底，比如海床喷出的热液也会带来盐分。

地球上海水的平均深度为3800米，但最深的地方位于太平洋中的马里亚纳海沟。斐查兹海渊是海沟中最深的区域，深达海平面以下11,034米（是哈利法塔高度的13倍多，参见第16—17页），是已知的海洋最深处。之前，有4次载人深潜曾抵达那条又冷又黑、压强大到足以碾碎骨头的万米以下的海沟。在2020年11月10日，中国"奋斗者"号全海深载人潜水器成功坐底马里亚纳海沟，深度达10,909米。

尽管地球上的海水彼此连通，人们还是习惯把它们分为四个大洋——太平洋、大西洋、印度洋和北冰洋。

珠穆朗玛峰顶会到达这里

陆地
约占29%

海洋是地球上最大的栖息地，约占地球表面的71%。

在各大洋中，太平洋是面积最大的，它拥有地球上一半的海水。

如果把珠穆朗玛峰的底部移到马里亚纳海沟的沟底，那么，峰顶离水面还有2000多米呢。

要多少头长颈鹿和世界最高的摩天大楼才可以一样高？

如果你恐高，此刻你可能需要闭上眼睛并且抓住一些牢靠的东西。如果让长颈鹿一个接一个地摞起来搭成"鹿梯"，要多少头才能和世界最高的摩天大楼一样高呢？

哈利法塔是世界上最高的大楼，有828米高，让人看着就头晕。

你需要180头像吉莉安这么大的长颈鹿。想要到达哈利法塔之巅，你得让它们一个站在一个的头顶上搭成"鹿梯"，当然这样摞着会很不舒服。

我们选的这头长颈鹿很可爱。它叫吉莉安，有4.6米高。

算一算
用828除以4.6。

长颈鹿是地球上最高的哺乳动物，它们的身高在4—6米之间。光是脖子的长度就超过大多数成年人的身高。它们的舌头是深蓝色的，可以长达50多厘米。

用长颈鹿来量——量世界上的几座高楼

1. 哈利法塔　阿拉伯联合酋长国　　180头长颈鹿（828米）
2. 上海中心大厦　中国　　137头长颈鹿（632米）
3. 麦加皇家钟塔饭店　沙特阿拉伯　　131头长颈鹿（601米）
4. 深圳平安金融中心　中国　　130头长颈鹿（599米）
5. 乐天世界大厦　韩国　　121头长颈鹿（554.5米）

（长颈鹿的数量经四舍五入后保留到整数部分，这不会伤害任何长颈鹿。）

从1931年到1972年，位于纽约市的帝国大厦保持着世界最高建筑的纪录。帝国大厦高381米，大约相当于83个吉莉安莉的总高度。你如果把两座帝国大厦摞起来，还需要再增加66米，才能达到哈利法塔的高度。人类发明的新技术和更轻的建筑材料，意味着大楼可以被建造得越来越高。

和所有摩天大楼一样，哈利法塔需要能对抗大风，地下水中的一些化学物质也可能对它的建筑基础造成侵蚀。所以，它的钢筋混凝土地基部分延伸的范围很广，而且很深，能够抵御海水的侵蚀。

钢架结构有助于支撑那些成千上万吨重的高楼大厦。

要多少个沙坑的沙子才可以填满撒哈拉沙漠？

撒哈拉沙漠是世界上最大的沙漠，面积和中国差不多大。如果撒哈拉沙漠的沙子不知怎么的突然间全部被吹跑了，那么，我们需要多少个沙坑的沙子才能重新填满它？

你有更大号的手推车吗？

撒哈拉沙漠的沙子大约有200万亿立方米（200,000,000,000,000立方米。1万亿是100万个100万）。

这种沙坑，小朋友们可喜欢啦，里面大约有2立方米的沙子。

我们需要 **100 万亿**（1 后面有 14 个零）个沙坑的沙子来填满撒哈拉沙漠。我希望你最好能有辆手推车！

算一算

用200,000,000,000,000除以2。如果用计算器，需要按太多个零了。现在，先不管那些零，只把零前面的数字相除：2÷2=1。然后，在1后面加上14个零，得到100,000,000,000,000，也就是100万亿。

干燥而又沙尘满天的撒哈拉沙漠面积约960万平方千米(km²)，能够把4705个非洲岛国毛里求斯放进去！撒哈拉沙漠的大部分地区都满是砾石和岩石，山脉高达3400米，而覆盖有大量沙子的地区差不多有200万平方千米（我们在统计沙子体积的时候，是按沙子平均厚度为100米来算的）。

撒哈拉沙漠里由沙子构成的沙丘相对高度可达180米，不过与世界上最高的沙丘相比，就低多了。最高的沙丘相对高度超过1000米（编辑注：中国内蒙古巴丹吉林沙漠的吉格鲁沙峰相对高度502米）。

在地球上，年降水量少于250毫米（mm）的地方多为荒漠地区，所以，并不是所有的荒漠地区都是炎热多沙的。世界上最大的荒漠地区是南极洲和北极地区的陆地部分，它们都位于地球上冰冷的两极地区。

撒哈拉沙漠的温度变化极大：白天气温经常在38摄氏度左右，有记载的最高气温约为58摄氏度；而冬天的夜里，气温又可能跌到冰点以下。

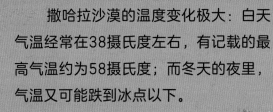

一些非常大的荒漠

1. **撒哈拉沙漠**   960万平方千米（和中国差不多大）
2. **阿拉伯沙漠**   233万平方千米（比四分之一个中国小一点儿）
3. **戈壁荒漠**   130万平方千米（比八分之一个中国大一点儿）
4. **卡拉哈里沙漠**   93万平方千米（比中国的十分之一小一点儿）
5. **巴塔哥尼亚高原** 67.3万平方千米（和中国的十四分之一差不多大）

要多少次跳高才可以到达月球？

月球离我们太远了，就算是跳高世界纪录保持者也不可能跳到月球附近。但是假如可以的话，他要跳多少次才可以到达那里呢？

地球到月球的距离不是固定不变的，平均距离约为384,400千米，也就是384,400,000（3亿8440万）米。

跳高世界纪录是2.45米（由古巴著名男子跳高运动员哈维尔·索托马约尔于1993年创造）。

按照地月平均距离来算，跳高世界纪录保持者从地球出发，需要跳 156,897,959 次再加一小跳才可以到达月球！

 算一算

用384,400,000除以2.45。

我们想要抵达太空，并不靠跳着去，而是用火箭一下子就能把我们带到太空。在20世纪60和70年代，美国国家航空航天局的"阿波罗计划"共向月球成功完成6次登月任务，一共有12名航天员曾经在月球表面行走。

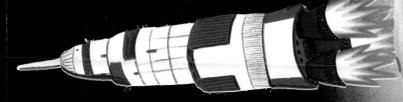

月球的直径是3476千米，大约是地球直径的四分之一。如果把地球中间掏空，获得的空间大约可以容纳50个月球（前提是它们都能被挤变形）。

太阳系里的卫星

地球只有一个卫星，但太阳系里有的行星有好多个卫星。

- **水星和金星：没有卫星**
- **地球：1个卫星**（月球）
- **火星：2个卫星**
- **木星：79个卫星**（木星是太阳系最大的行星，它的卫星木卫三是太阳系中最大的卫星）
- **土星：至少82个卫星**（天文学家们发现的土星卫星数量在不断增加）
- **天王星：27个卫星**
- **海王星：14个卫星**

月球引力只是地球引力的六分之一，所以在月球上，你的体重会轻很多，而且你跳起的高度也是在地球上弹跳高度的6倍。如果索托马约尔是在月球上而非地球上完成他的破纪录一跳，那么他能跃过一座三层楼。

和一些动物相比，人类的跳高能力真是弱得可怜。记载中，白尾长耳大野兔最多可以跳到6.4米高，这就好比你纵身一跳，能从2头长颈鹿的头顶越过。

跳蚤跳跃的高度超过身长的200倍，相当于一位成年人从30辆首尾相接停放着的伦敦公交车上跳过去。

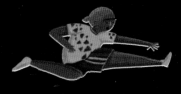

要多少次袋鼠跳才可以穿越澳大利亚？

澳大利亚既是一块大陆的名字，也是一个国家的名字，而且这块大陆上只有澳大利亚这一个国家。袋鼠是澳大利亚最著名的动物之一，它们也因为拥有跳得最高最远的本事而名扬四方。如果一只袋鼠要跳着穿越整个澳大利亚，那它得跳多少次？

我们红袋鼠一次能跳7.5米。

澳大利亚从东到西的距离大约是4000千米，也就是4,000,000米。

红袋鼠穿越澳大利亚需要跳533,333次（外加一小跳）。没准儿很多袋鼠可以通过接力的方式完成呢。

 算一算

用4,000,000除以7.5。

红袋鼠在地面上跳出7.5米远的距离同时，它还可以跳1.8米高。这意味着它跳过你的头顶是一点儿问题也没有的。当奔跑起来的时候，红袋鼠的速度可以达到56千米每小时，这在城市里的很多区域都已经属于超速了。

用袋鼠跳来丈量世界上东西跨度最大的四个国家

澳大利亚并非世界上东西跨度最大的国家，东西跨度最大的国家是俄罗斯。横跨俄罗斯、从东到西可以并排放下两个澳大利亚还不止。

1. 俄罗斯　　1,200,000次袋鼠跳（跨度9000千米）
2. 加拿大　　714,667次袋鼠跳（跨度5360千米）
3. 中国　　　693,333次袋鼠跳（跨度5200千米）
4. 美国　　　600,000次袋鼠跳（跨度4500千米）

有袋类动物属于哺乳动物。它们的幼崽出生以后，会一直生活在妈妈的育儿袋里，直到长大。红袋鼠是最大的有袋类动物。一只红袋鼠宝宝刚出生的时候只有一粒葡萄那么大，但它能长成体格巨大的跳跃健将，体长可达1.6米，还有条1米多长的尾巴。

澳大利亚的主体是澳大利亚大陆，还拥有一些岛屿。其中最大的是塔斯马尼亚岛，从东到西宽约300千米，相当于40,000次袋鼠跳。

要多少粒冰块才可以组成一座冰山？

冰山是漂浮在海洋中的巨大冰体，而冰块是常常用来让你的饮料保持冰爽的东西。但它们都是由相同的物质组成的，那就是结成冰的水。众所周知，冰山很大，要有多少粒冰块才可以组成一座冰山呢？

一座中等大小的冰山跟一套普通房子差不多大，体积约为400立方米，也就是400,000,000立方厘米（4亿立方厘米）。

一粒冰块的体积大约为25立方厘米。

冰屋咖啡

要 1600 万粒冰块才可以组成一座中等大小的冰山。这么多冰块够让全新西兰人都喝上冰爽的饮料。

算一算

用400,000,000除以25。我们需要的冰块数量真是很大啊。

24

冰川崩裂入海后高出海面5米以上，就可以被称为冰山。5米以下的浮冰块被叫作残碎冰山或者冰山块。其实，冰山的大部分都是位于水下的，这点千真万确，无一例外。通常我们能看到的水上部分大约只是整座冰山的七分之一至五分之一。

冰山形状各异，大小不同，小的像座小房子，大的则像一座岛屿。陆地上的冰川以非常缓慢的速度沿着地面运动，那些从冰川崩裂、滑到海面的巨大冰块就是冰山。

冰块之所以能在水里浮起来，是因为冰的密度小于水的密度。冰山是由淡水组成的，而淡水的密度又比含盐的海水密度小，这也有助于冰山浮起来。

地球上大多数的冰川位于格陵兰岛和南极洲。南极洲差不多有1300万平方千米的面积为冰川所覆盖。如果它们全部融化，海平面将会上升约58米。事实上，海平面的确正在上升，原因之一就是随着全球气候变暖，冰在融化。

B-15冰山是人类所记载的最大的冰山。据测量，它的面积约12,640平方千米，比牙买加岛还大。

要多少棵圣诞树接起来才能够得着一株北美红杉？

北美红杉是地球上现存的最高的树。当知道它们究竟有多高时，你没准儿会感到惊讶。而同样是树，圣诞树却要够矮，才能确保它们能被放进普通人家的客厅。那么，要多少棵这样的圣诞树地连起来才能够得着一株北美红杉的树顶呢？

算一算
用116除以2。

一棵圣诞树高约2米（坦白地说，对于我们的卧室来说，它还是有点大了）。

这是世界上存活着的最高的北美红杉，也是世界上现存最高的树，它约有116米高。

我们需要把58棵圣诞树一棵一棵地接起来，才能够得着北美红杉的树顶。

世界上有差不多60,000种不同的树种，而北美红杉是其中之一。有几种不同的树会被用来制作圣诞树，包括欧洲云杉、蓝叶云杉、冷杉和欧洲赤松。

最高的北美红杉绝对算得上巨无霸——约有30层楼那么高。它比伦敦的大本钟（2012年正式名称改为伊丽莎白塔）还要高21米，比纽约港的自由女神像高23米。

我们需要树木，因为它们能吸收大气中的二氧化碳。但是由于诸如汽油和煤炭等化石燃料的燃烧，现在大气中的二氧化碳含量特别高。二氧化碳是一种温室气体，会让全球变暖，也会让气候发生改变。这将导致冰川融化、海平面上升、极端天气增多。此外，树木也是很多鸟类和其他野生动物的家园，超过80%的陆生动物生活在森林中。

所以，树木越多，大气中的二氧化碳就越少，地球上生存的动物就越多。

保护森林

要多少个地球才可以填满太阳？

从地球上看的话，太阳显得并不怎么大。当然，你可能早就知道这其中的原因了，那是因为太阳离地球真的太远了。太阳究竟离地球有多远呢？它又比地球大多少呢？

我以为它会更大点。

太阳的体积大约是1,300,000,000,000,000,000立方千米（130亿亿立方千米）。

地球的体积大约是1,000,000,000,000立方千米（1万亿立方千米）。

太阳里面大约可以装下 **1,300,000 个地球**（不过，你得先把这些地球打成碎块搅成糊再装）。

 算一算

用1,300,000,000,000,000,000除以1,000,000,000,000。这得在计算器上按好多个零，还是用一下与第8页类似的计算方法吧。

太阳绝对是巨大的，可是在恒星里，它只能算作中等大小的。有的恒星的直径是太阳直径的100多倍呢。

在我们的太阳系，最小的行星是水星，它的直径大约是地球直径的三分之一。

太阳与地球的平均距离约为1亿5000万千米，这段距离被定义为一个天文单位。有时候，天文学家用多少个天文单位来描述非常远的距离。

太阳是距离地球最近的恒星。地球和太阳系的其他行星（共八大行星）都沿着自己的轨道绕太阳公转。按照与太阳距离从近到远的顺序，八大行星分别是：水星、金星、地球、火星、木星、土星、天王星、海王星。

木星是太阳系中最大的行星，它大约是地球的1300倍——事实上，木星大到可以把太阳系中所有其他行星都装得下。而太阳呢，大到可以装得下1000个木星！

地球有多大？

沿赤道位置测量的话，绕地球一周大约是40,000千米，这大体就是地球赤道的长度。如果乘坐高速飞机以1000千米每小时的速度飞行，40个小时就可以绕地球一圈。

绕太阳一周大约为4,400,000千米。乘坐同样时速的高速飞机旅行的话，绕太阳一圈需要6个月。如果把109个地球排成一排，总长度才和太阳的直径差不多。

要多少个足球才可以塞满世界上最大的体育场？

你有没有好奇过：要是把座椅、更衣室还有其他设施都拆掉的话，一座体育场可以装下多少个足球？这种好奇，你当然有过，对吧？

足球的直径约为22厘米。我们不会为了让它们彼此之间一点儿缝隙都没有而把它们都挤变形。如果我们只是随意把它们扔在那里，让它们自己停靠在一起，那么，1立方米的空间里可以装下133个足球。

世界上最大的体育场是朝鲜的绫罗岛五一体育场。非常粗略地估计一下，它的容积大约有1,000,000立方米（100万立方米）。

需要 133,000,000 个足球才可以塞满这座世界上最大的体育场。

 算一算

用1,000,000乘以133。

朝鲜平壤的绫罗岛五一体育场占地面积约207,000平方米，最多能容纳150,000名观众观看国家庆典或者体育赛事。主场馆占地约20,000多平方米，而它花瓣样式的屋顶（形状看上去像是木兰花）有60米高。所以，它能塞进1.33亿个足球也就不足为奇了。

足球是世界上最受欢迎的体育项目之一，世界杯足球赛很可能是观众数最多的体育赛事。全世界将近一半的人至少看了上届世界杯的部分比赛。

在英国，女子足球从1921年（那时的女足十分受欢迎）到1971年是被禁止的，因为有人觉得女性从事足球运动是不得体的！现在，全世界踢球和看球的人数以亿计，都在享受着足球运动带来的快乐。

世界上还有几座体育场跟绫罗岛上的五一体育场差不多大，它们都在美国，而且都是美式橄榄球的球场，其中最大的是密歇根体育场，能容纳约111,000名观众。

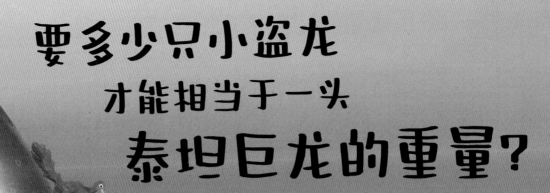

要多少只小盗龙才能相当于一头泰坦巨龙的重量?

并非所有的恐龙都是步态笨拙的巨大怪物——这些史前动物模样不同，体形大小也各异。要多少只最小的恐龙才能跟最大的恐龙一样重呢?

小盗龙是最小的恐龙种类之一，体重大概只有**1千克**（kg）。

泰坦巨龙类是我们已知最大的恐龙，这些大家伙的体重约**70吨**（70,000千克）。

70,000 只小盗龙和一头泰坦巨龙一样重。

 算一算

用70,000除以1。这次的计算超简单！

小盗龙包含几个种，它们体形很小，和乌鸦差不多大，身上覆盖有羽毛，以捕猎小型动物为食。顾氏小盗龙（2003年命名，为了向中国著名古生物学家顾知微致敬）是其中的一种，为了适应飞行，它的四肢都长有羽毛——它很可能真的会飞，至少会滑翔。

我们的大块头泰坦巨龙类，是蜥脚类恐龙的一种。蜥脚类恐龙是体形巨大的素食者。我们这里以一种泰坦巨龙为例，它叫阿根廷龙，从头到尾至少有35米长，人们认为它不仅是最大的恐龙，而且是有史以来最大的陆生动物。

现在，大象是最大的陆生动物。11头最大号的非洲象才能和一头阿根廷龙差不多重。

美颌龙是最小的不会飞的恐龙之一。这种小型肉食动物身长只有65厘米，体重大约是小盗龙的3倍。所以，大约需要23,300只美颌龙才能跟一头阿根廷龙一样重。

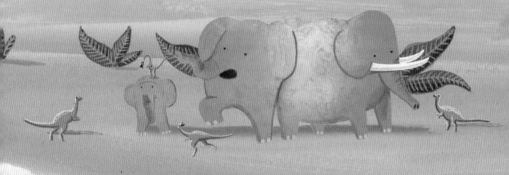

不过，小盗龙和泰坦巨龙类根本不可能碰面，因为它们生活的年代相差了几千万年。小盗龙大约生活在距今1.25亿年前，而泰坦巨龙类生活的时期已经接近恐龙时代的尾声，比如阿根廷龙生活的年代距今大约9000万年。

迄今为止，人类发现的最大的肉食恐龙化石是一具霸王龙化石，它叫斯科蒂，发现于1991年。斯科蒂身长13米，活着的时候体重约8800千克，或者你可以说它有8800只小盗龙那么重。

要多少个纽约中央公园才可以组成亚马孙热带雨林？

亚马孙热带雨林是世界上最大的热带雨林，它真的非常非常大。纽约中央公园是世界上最著名的公园之一。那么，亚马孙热带雨林可以装下多少个中央公园呢？

中央公园的面积约为3.4平方千米。

亚马孙热带雨林占地面积约550万平方千米。

你可以在亚马孙热带雨林里放下 1,617,647 个纽约中央公园。顺便说一句，亚马孙热带雨林差不多有半个欧洲大。

 算一算

用5,500,000除以3.4。

亚马孙热带雨林的大部分位于巴西，但它也覆盖了南美洲其他国家和地区的部分领土，如玻利维亚、哥伦比亚、厄瓜多尔、圭亚那、法属圭亚那、秘鲁和苏里南。苏里南的面积为164,000平方千米，是南美洲面积最小的国家。亚马孙热带雨林可以放下33个苏里南。

亚马孙热带雨林蕴藏着世界上最为丰富和多样的生物资源，是数百万种动植物的家园。那里有超过250万种昆虫、400多种哺乳动物，还有几千种鱼类和鸟类。

热带雨林又热又湿，每年的降水量超过2000毫米，日平均气温超过28摄氏度。

在亚马孙热带雨林的奇异动物当中，有世界上最大的甲虫——泰坦甲虫，也有世界上最小的猴子——侏儒狨。

纽约中央公园包括一座水库、一座博物馆、一座剧院、一个动物园、一个湖泊、各种各样的池塘，甚至还有一座城堡。但是和世界上最大的热带雨林比起来，它绝对只能算是一个小不点儿。

热带雨林不仅风景优美，而且对于地球来说也有重要作用，因为树木可以吸收二氧化碳并释放氧气，使气候保持稳定。令人难过的是，过去的50年间，为了开辟农田和牧场，超过四个半苏里南大小的亚马孙热带雨林遭到了破坏。

要多少名航天员才可以挤满国际空间站？

国际空间站在距地球上空大约400千米处的轨道上运行。那里有多少名航天员在跟着它一起"飞来飞去"呢？那里面还可以再挤进多少人呢？

国际空间站的全体成员通常是6名航天员。但是，如果我们想把里面都塞满人呢？当然，我们不会真的那么残忍，我们只是出于好奇……

国际空间站的可居住空间为388立方米。

国际空间站一共能挤进5969人，这比通常的人员总数多出5963人。每间卧室需要住将近1,000人。

平均每名航天员所占空间是0.065立方米。

算一算

用388除以0.065。

从2000年至今，在国际空间站工作的航天员从来没有间断过。佩姬·惠特森在那里待得时间最久，她总共在太空生活了665天。

国际空间站上的6名航天员都分别有各自的卧室。那里还有2个浴室、1个健身房，当然还有可以360度欣赏绝佳风景的窗户。

1998年，国际空间站正式开始建站，目标是建设成为巨大的空间科学实验室。它长约109米，每秒运行约8千米，每24小时绕地球16圈。

总共有18个国家的230多名航天员曾经造访过国际空间站，但他们可不是同时上去的！

国际空间站里几乎没有重力存在，所以航天员都是飘来飘去的。为此，他们不得不每天在健身房锻炼两个小时以弥补运动量的不足。睡觉的时候，他们会把自己绑在墙上的睡袋里；上厕所的时候，他们会把自己绑在马桶上，以确保不会有什么东西跑出来，而废弃物会被吸走。

要多少条金鱼才可以和一头蓝鲸一样重?

蓝鲸是地球上现存的体形最大的动物。显然,相比之下,金鱼就小得不能再小了。可是,要多少条这样的小金鱼才能和一头巨大的蓝鲸一样重呢?

一头蓝鲸可以重达200吨,也就是200,000,000(2亿)克。

金鱼的个头儿大小不一,但我们的这条叫格雷厄姆的金鱼重400克,长15厘米。

要500,000(50万)条跟格雷厄姆一样的金鱼才可以和一头蓝鲸一样重。

算一算

用200,000,000除以400。

金鱼经常是被养在小鱼缸里的。如果它们有机会被放进大水族箱里生活的话,它们的个头儿会长得更大,也会更开心。

你可以通过蓝鲸的耳垢来判断它的年龄。大约每6个月，蓝鲸就会形成一层新的耳垢。这些"耳塞"告诉科学家，蓝鲸的寿命一般在80岁到90岁之间。有记载的最长寿的蓝鲸年龄大约是110岁。

蓝鲸会吃一种叫磷虾的小生物，每天吃下去的磷虾可重达4吨以上。金鱼则几乎什么都吃，包括它们自己的便便。

蓝鲸生下来就有2吨重，也就是5000条金鱼格雷厄姆的重量。等幼鲸完全长大的时候，体长可达30米——相当于200条金鱼格雷厄姆首尾相连排成一条长队那么长。

蓝鲸的舌头有一头犀牛那么重，而它的心脏有一辆轿车那么大。

金鱼是淡水鱼，所以在现实中它们并不可能和蓝鲸相遇。金鱼是鲤鱼的一种，最早产于中国。

世界上最大的金鱼有900克重、32厘米长，比大多数金鱼大得多。

金鱼最为人所知的一点是：它们只有几秒钟的记忆。但这并不是真的。它们能辨别形状、色彩和声音，它们还能学会玩儿把戏，比如把球从圆环中间推过去。

要多少块足球场地才可以覆盖地球表面？

你在看一场特别激动人心的世界杯比赛的时候，有没有想过：要多少块这样的足球场地才可以覆盖整个地球表面呢？当然，只有在没进球的时候才可能这么想。

足球场地的面积大小会有差别，但我们这里假设一块场地长120米、宽70米，也就是占地8400平方米，或者是0.0084平方千米。

地球的表面积大约是510,000,000（5.1亿）平方千米。由于地球表面的大部分是海洋，所以，如果我们说的是陆地部分的话，那么面积就是1.5亿平方千米。

我们需要60,714,285,714块这样的足球场地外加一点儿零头，才可以覆盖整个地球表面。

如果只是覆盖地球的陆地部分，我们需要17,857,142,857块足球场地外加一点儿零头。

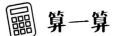 算一算

用510,000,000除以0.0084。要是只覆盖陆地部分的话，就用150,000,000除以0.0084。

有种学说认为，地壳是由巨大的板块组成的。2亿多年以前，这些板块全都连在一起，是一块超级大陆。后来，板块慢慢漂移，彼此分开。当板块再次撞击在一起时，就会形成高山。

板块构造说

要多少块足球场地才能覆盖……

全部海洋：
需要42,857,142,857块足球场地

世界上最大的湖（里海）：
需要44,166,666块足球场地

世界上最大的国家（俄罗斯）：
需要2,035,500,000块足球场地

世界上最小的国家（梵蒂冈）：
只需要52.4块足球场地，因为梵蒂冈真的非常小。

一些关于足球的数字

拥有足球队的国家数超过拥有其他任何体育项目的国家数。世界上有211支男子国家足球队、176支女子国家足球队。在全世界有女性参加的团体运动中，足球是最受欢迎的。

火箭背包之旅

看到这里，你没准儿会好奇：说好的火箭背包究竟在哪里？哈哈，它来啦！穿戴好火箭背包，准备好以1000千米每小时的速度飞向世界各地吧，甚至还会飞离地球呢！

你可能已经以1000千米每小时的速度飞行过，有些客机有时候能达到这个速度。

穿越国土之旅：

从东至西穿越加拿大（东西最大距离）：5.36小时

从东至西穿越中国（东西最大距离）：5.2小时

从东至西穿越美国（东西最大距离）：4.5小时

从东至西穿越巴西（东西最大距离）：4.2小时

从北至南穿越意大利本土（南北最大距离）：1.2小时

城市之间的旅行：

美国纽约到英国伦敦：5.6小时

印度德里到澳大利亚悉尼：6.9小时

中国北京到法国巴黎：8.2小时

尼日利亚拉各斯到南非茨瓦内：4.5小时

德国柏林到美国洛杉矶：9.3小时

环球旅行：

世界上最长的铁路（西伯利亚大铁路）：9.3小时

中国长城：21.2小时

尼罗河：6.67小时

太平洋（从东至西最大距离）：19.5小时

大西洋：6.5小时

从地球出发的星际旅行：

到月球：2周又2天零24分钟

到火星（近地点）：6年25周又3天零15小时

到太阳：17年4周零6小时

到木星（近地点）：71年37周又6天零10小时

到海王星（近地点）：496年14周零2小时

测量不同的物体

作者：卡佳坦·波斯基特

测量的物体不同，我们使用的单位也不同。

> "米"是国际单位制中的长度单位（1米可以写作1m）。我们经常用"米"来作为测量长度或距离的单位。
>
> 1米大约是一条皮带的长度。

1米等于100厘米（100cm）。
1厘米大约相当于一粒豌豆的直径。

1米等于1000毫米（1000mm）。
1毫米大约相当于10张纸的厚度。

1000米等于1千米（1km）。
1千米大约是你10分钟走的路程。

如果我们需要测量面积的大小，比如一块地毯或者地球的表面积，我们使用的单位是平方米（m²），面积大的地方我们使用平方千米（km²）。

1米

边长为1米的正方形的面积是1平方米（1m²）。

1米   1米

1米

1平方米（1m²）大约是普通住宅一扇门面积大小的一半。

1平方厘米（1cm²）大约是你一个指甲盖的面积。

谢谢你。

1平方毫米（1mm²）大约是一个句号的面积。

1米   1米

1米

棱长为1米的立方体的体积为1立方米（1m³）。

如果我们需要测量诸如足球或者大象所占空间的大小，我们就需要使用体积单位立方米（m³）。1立方米差不多就是一台大号洗衣机的体积。

1立方毫米（1mm³）大约是一粒砂糖的体积。

1立方厘米（1cm³）大约是一颗小骰子的体积。

索引

第9页答案：

一年更长，一年大约3150万秒。

1,000,000只蚂蚁摞起来更高，约有2000米；100头长颈鹿摞起来高约500:

埃菲尔铁塔更重，约有10,000吨；奥运会标准游泳池的水重约2500吨。